中华医学会灾难医学分会科普教育图书

图说灾难逃生自救丛书

# 风灾

丛书主编　刘中民

分册主编　田军章

绘　图

11m数字出版

人民卫生出版社

**图书在版编目（CIP）数据**

风灾 / 田军章主编 .—北京：人民卫生出版社，2014.1
（图说灾难逃生自救丛书）
ISBN 978-7-117-18228-7

Ⅰ. ①风…　Ⅱ. ①田…　Ⅲ. ①风灾 – 自救互救 – 图解
Ⅳ. ①P425.6-64

中国版本图书馆 CIP 数据核字（2013）第 267297 号

| | | |
|---|---|---|
| **人卫社官网** | **www.pmph.com** | **出版物查询，在线购书** |
| **人卫医学网** | **www.ipmph.com** | **医学考试辅导，医学数据库服务，医学教育资源，大众健康资讯** |



图说灾难逃生自救丛书
**风　灾**

**主　　编：**田军章
**出版发行：**人民卫生出版社（中继线 010-59780011）
**地　　址：**北京市朝阳区潘家园南里 19 号
**邮　　编：**100021
**E - mail：**pmph @ pmph.com
**购书热线：**010-59787592　010-59787584　010-65264830
**印　　刷：**三河市潮河印业有限公司
**经　　销：**新华书店
**开　　本：**710 × 1000　1/16　**印张：**5.5
**字　　数：**105 千字
**版　　次：**2014 年 1 月第 1 版　2019 年 2 月第 1 版第 3 次印刷
**标准书号：**ISBN 978-7-117-18228-7/R · 18229
**定　　价：**29.00 元
**打击盗版举报电话：010-59787491　E-mail：WQ @ pmph.com**
（凡属印装质量问题请与本社市场营销中心联系退换）

# 丛书编委会

风灾无情，防护有道。

避灾减害，转危为安。

# 序 一

我国地域辽阔，人口众多。地震、洪灾、干旱、台风及泥石流等自然灾难经常发生。随着社会与经济的发展，灾难谱也有所扩大。除了上述自然灾难外，日常生产、生活中的交通事故、火灾、矿难及群体中毒等人为灾难也常有发生。中国已成为继日本和美国之后，世界上第三个自然灾难损失严重的国家。各种重大灾难，都会造成大量人员伤亡和巨大经济损失。可见，灾难离我们并不遥远，甚至可以说，很多灾难就在我们每个人的身边。因此，人人都应全力以赴，为防灾、减灾、救灾作出自己的贡献成为社会发展的必然。

灾难医学救援强调和重视“三分提高、七分普及”的原则。当灾难发生时，尤其是在大范围受灾的情况下，往往没有即刻的、足够的救援人员和装备可以依靠，加之专业救援队伍的到来时间会受交通、地域、天气等诸多因素的影响，难以在救援的早期实施有效救助。即使专业救援队伍到达非常迅速，也不如身处现场的人民群众积极科学地自救互救来得及时。

为此，中华医学会灾难医学分会一批有志于投身救援知识普及工作的专家，受人民卫生出版社之邀，编写这套《图说灾难逃生自救丛书》，本丛书以言简意赅、通俗易懂、老少咸宜的风格，介绍我国常见灾难的医学救援基本技术和方法，以馈全国读者。希望这套丛书能对我国的防灾、减灾、救灾工作起到促进和推动作用。

刘中民 教授

同济大学附属上海东方医院院长

中华医学会灾难医学分会主任委员

2013 年 4 月 22 日

# 序　二

我国现代灾难医学救援提倡“三七分”的理论：三分救援，七分自救；三分急救，七分预防；三分业务，七分管理；三分战时，七分平时；三分提高，七分普及；三分研究，七分教育。灾难救援强调和重视“三分提高、七分普及”的原则，即要以三分的力量关注灾难医学专业学术水平的提高，以七分的努力向广大群众宣传普及灾难救生知识。以七分普及为基础，让广大民众参与灾难救援，这是灾难医学事业发展之必然。也就是说，灾难现场的人民群众迅速、充分地组织调动起来，在第一时间展开救助，充分发挥其在时间、地点、人力及熟悉周围环境的优越性，在最短时间内因人而异、因地制宜地最大程度保护自己、解救他人，方能有效弥补专业救援队的不足，最大程度减少灾难造成的伤亡和损失。

为做好灾难医学救援的科学普及教育工作，中华医学会灾难医学分会的一批中青年专家，结合自己的专业实践经验编写了这套丛书，我有幸先睹为快。丛书目前共有 15 个分册，分别对我国常见灾难的医学救援方法和技巧做了简要介绍，是一套图文并茂、通俗易懂的灾难自救互救科普丛书，特向全国读者推荐。

王一镗

南京医科大学终身教授

中华医学会灾难医学分会名誉主任委员

2013 年 4 月 22 日

# 前言

风是空气流动的现象。在自然界，风是一柄双刃剑，它可以给人类提供无穷的自然能源、无私地调节大地的温度和湿度、辛勤地帮助植物播撒种子；但是，当风速和风力超过一定限度时，它也可以给人类带来巨大灾害。

风灾，就是指因暴风、台风或飓风过境而造成的灾害。风灾形成的原因除各种自然因素以外，还常与人类对自然环境的破坏有关。

当风灾来临时，如何迅速脱离险境，如何积极、快速、有效开展自救互救等，这些防灾避灾基本常识和技能技巧是面对风灾时避免悲剧发生的根本。灾难无情，防灾有道，掌握科学的避灾、自救方法，可以最大程度地减少和避免灾害造成的伤亡和损失。

我们精心制作了《图说灾难逃生自救丛书：风灾》分册，希望通过我们的努力，让更多的人掌握逃生避险、自救互救的知识与方法。

衷心祝福广大读者平安、健康、幸福！

田军章

广东省第二人民医院/应急医院

2013年10月13日

# 目　录

## 惊人的风灾损失

2013年1~8月，就曾有7次台风登陆我国，导致1865.4万人次受灾，92人死亡或失踪，直接经济损失达250.14亿元。台风肆掠之地遭受暴雨洪涝灾害，农作物受淹，果树果实脱落、产量下降，鱼塘漫塘、农业设施受损。据统计，台风对我国造成的直接经济损失：1991~2000年平均每年为291.4亿元；2001~2010年，增加到平均每年344.3亿元；2011年和2012年分别为237.1亿元、1048.2亿元。

# 风灾常识

风是空气流动的一种自然现象，它能帮助植物传授花粉、传播种子，帮助降温制冷，人类还能利用风能发电。然而，一旦风速和风力超过一定限度，产生风灾，将给人类带来巨大灾难。了解风灾的成因能让我们因地制宜地采取“标本兼治”的策略应对各类风灾的危害。

## 蒲福风级

| 风级 | 名称 | 风速（千米/小时） | 风压（帕） | 风级标准说明 | | |
|---|---|---|---|---|---|---|
| | | | | 海岸情形 | 海面状态 | 陆地情况 |
| 0 | 无风 | <1 | 0～0.025 | 风静 | 海面如镜 | 静，烟直上 |
| 1 | 软风 | 1～5 | 0.056～0.14 | 渔舟可正常操舵 | 海面有鳞状波纹，波峰无泡沫 | 炊烟可表示风向，风标不动 |
| 2 | 轻风 | 6～11 | 0.16～6.8 | 渔舟张帆，时速1～2海里 | 微波明显，波峰光滑未破裂 | 风拂面，树叶有声，普通风标转动 |
| 3 | 微风 | 12～19 | 7.2～8.2 | 渔舟渐倾侧，时速3～4海里 | 小波，波峰开始破裂，泡沫如珠，波峰偶泛白沫 | 树叶及小枝摇动，旌旗招展 |
| 4 | 和风 | 20～28 | 18.9～39 | 渔舟满帆时倾于一方，捕鱼好风 | 小波渐高，波峰白沫渐多 | 尘沙飞扬，纸片飞舞，小树干摇动 |
| 5 | 清风 | 29～38 | 40～71.6 | 渔舟缩帆 | 中浪渐高，波峰泛白沫，偶起浪花 | 有叶的小树摇摆，内陆水面有小波 |
| 6 | 强风 | 39～49 | 72.9～119 | 渔舟张半帆，捕鱼须注意风险 | 大浪形成，白沫范围增大，渐起浪花 | 大树枝摇动，电线呼呼有声，举伞困难 |
| 7 | 疾风 | 50～61 | 120～182.8 | 渔舟停息港内，海上需船头向风减速 | 海面涌突，浪花白沫沿风成条吹起 | 全树摇动，迎风步行有阻力 |
| 8 | 大风 | 62～74 | 184.9～267.8 | 渔舟在港内避风 | 巨浪渐升，波峰破裂，浪花明显成条沿风吹起 | 小枝吹折，逆风前进困难 |
| 9 | 烈风 | 75～88 | 270.4～372.1 | 机帆船行驶困难 | 猛浪惊涛，海面渐呈汹涌，浪花白沫增浓，能见度减低 | 烟囱屋瓦等将被吹损 |
| 10 | 暴风 | 89～102 | 375.2～504.1 | 机帆船航行极危险 | 猛浪翻腾波峰高耸，浪花白沫堆集，海面一片白浪，能见度减低 | 陆上不常见，见则拔树倒屋或有其他损毁 |
| 11 | 狂风 | 103～117 | 507.7～664.2 | 机帆船无法航行 | 狂涛高可掩蔽中小海轮，海面全为白浪掩盖，能见度大减 | 陆上绝少，有则必有重大灾害 |
| 12 | 飓风 | 118～133 | 664.2～851 | 骇浪滔天 | 空中充满浪花白沫，能见度恶劣 | 陆上几乎不可见，有则必造成大量人员伤亡 |

风速是指空气在单位时间内流动的水平距离。根据风对地上物体所引起的现象将风的大小分为 13 个等级，称为风力等级，简称风级。人们平时在天气预报时听到的“东风 3 级”等说法指的是“蒲福风级”。

蒲福风级是英国人蒲福于 1805 年根据风对地面（或海面）物体影响程度而定出的风力等级，共分为 0～17 级（上表中只列出了 13 级，后 4 级均为飓风，陆地罕见）。

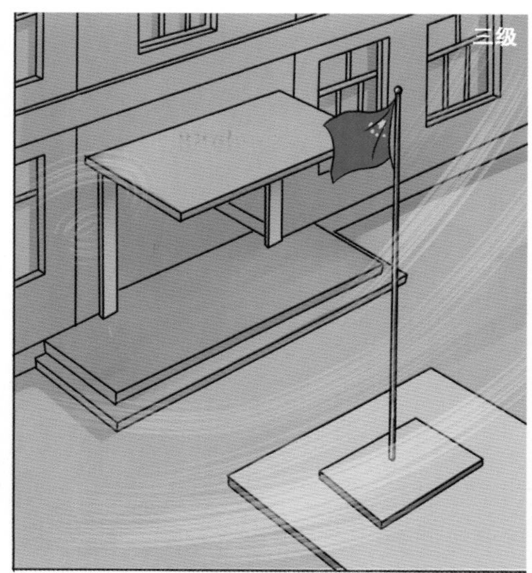

人们根据风对海陆物体产生的征象，把有关风力等级的内容编成歌谣，以便记忆：零级无风炊烟上；一级软风烟稍斜；二级轻风树叶响；三级微风旌旗扬；四级和风灰尘起；五级清风水连波；六级强风大树摇；七级疾风花果掉；八级大风步难行；九级烈风树枝折；十级暴风树根拔；十一级狂风陆罕见；十二级飓风浪滔天。

平均风力达到 6 级或以上( 即风速 >10.8 米 / 秒 ),瞬时风力达到 8 级或以上( 即风速 >17.8 米 / 秒 ),以及对人们生活、生产产生严重影响的风称为大风。

风灾是指大风对工农业生产以及人类卫生健康状况、生命财产安全等造成的损害。人们熟知的常见风灾有热带气旋( 台风、飓风和热带风暴 )、暴风雪、龙卷风和沙尘暴。

风灾等级一般可划分为3级。

（1）一般大风：相当于6~8级大风，主要破坏农作物，对工程设施一般不会造成破坏。

（2）较强大风：相当于9~11级大风，除破坏农作物、林木外，对工程设施可造成不同程度的破坏。

（3）特强大风：相当于12级及以上大风，除破坏农作物、林木外，对工程设施和船舶、车辆等可造成严重破坏，并严重威胁人员生命安全。

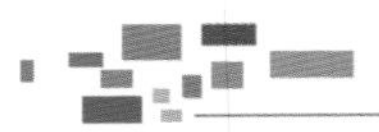

热带气旋是由云、风和雷暴组成的巨型低压涡旋，其形成是海温、大气环流和大气层三方面的结合。

一般在热带地区距离赤道平均3～5个纬度的海面(如西北太平洋、北大西洋和印度洋)上形成，能量来自高空水汽冷凝时液化热的释放。热带气旋每天释放的能量相当于每20分钟引爆一颗1000万吨的核弹。

热带气旋根据中心附近地面最大风速分为不同的等级，由弱到强依次为热带低压（风力为 6 ~ 7 级）、热带风暴（8 ~ 9 级）、强热带风暴（10 ~ 11 级）、台风（12 ~ 13 级）、强台风（14 ~ 15 级）和超强台风（≥16 级）。

台风是形成于北太平洋西部海洋上的热带气旋，是一种极猛烈的风暴，同时伴有暴雨。我国是受台风影响最严重的国家之一，夏秋两季常侵袭我国南方沿海，如江苏、浙江、福建、广东、海南和台湾等地。

发生在北大西洋及东太平洋的热带气旋，习惯称为飓风。飓风的意义和台风差不多，只是两者形成的地方不一样。

龙卷风是从强烈发展的积雨云底部下垂的高速旋转着的空气涡旋。龙卷风外形是一个漏斗状的云柱，上面大下面小，从云中下垂，下端有的悬在半空中，有的直接延伸到地面或水面。当龙卷风的底端与水面或地面相接时就分别成为水龙卷或陆龙卷。

1986 年 7 月 11 日，上海突发龙卷风，造成 25 人死亡，128 人重伤。毁掉各类房屋 4800 余间，直接经济损失达 2600 余万元。

我国的龙卷风主要发生在华南、华东地区和南海的西沙群岛上，例如江苏省每年几乎都有龙卷风发生，但发生地点没有明显规律；西沙群岛一年四季均可发生龙卷风，以8、9月居多。

龙卷风的发生与强烈雷暴的出现密切相关，所以常发生于夏季的雷雨天气，尤以下午至傍晚最为多见。龙卷风的特点是范围小、寿命短、跳跃性强及破坏力大。当云层下面出现乌黑的滚轴状云，云底见到有漏斗云伸下来时，龙卷风就出现了。

沙尘暴是沙暴和尘暴两者的总称，是指强风把地面大量沙尘物质吹起并卷入空中，使空气特别混浊，水平能见度小于1千米的严重风沙天气现象。具体来说，沙暴是指大风把大量沙粒吹入近地层所形成的挟沙风暴；尘暴则是大风把大量尘埃及其他细粒物质卷入高空所形成的风暴。

中国有两大沙尘暴多发区：第一个多发区在西北地区，即新疆部分地区、宁夏平原、内蒙古部分地区等；第二个多发区在华北地区，如赤峰、张家口一带。

沙尘暴强度划分为4个等级：

（1）4级≤风速＜6级，500米＜能见度≤1000米，称为弱沙尘暴。

（2）6级≤风速≤8级，200米＜能见度≤500米，称为中等强度沙尘暴。

（3）风速≥9级，50米≤能见度≤200米，称为强沙尘暴。

（4）当其达到最大强度（瞬时最大风速≥25米/秒，能见度≤50米，甚至降低到0米）时，称为特强沙尘暴（或黑风暴，俗称“黑风”）。

沙尘暴可破坏建筑物，撕毁农民塑料温室大棚和农田地膜，吹倒或拔起树木、电杆，影响工农业生产等。1993 年 5 月 5 日西北地区的沙尘暴使 8.5 万株果木花蕊被打落，10.94 万株防护林和用材林折断或连根拔起。4 小时内它就穿越新疆、甘肃、宁夏、内蒙古等地区，造成了 85 人死亡，264 人受伤，31 人失踪，影响范围达到 100 万平方千米，更有 3700 平方千米耕地因沙土掩埋而绝收。这次灾难造成的直接经济损失高达 5.6 亿元人民币。

## 惊人的风灾损失

2012 年 8 月 8 日，强台风“海葵”于凌晨 3 时 20 分，在浙江省宁波市象山县鹤浦镇登陆。这次台风据浙江省防汛抗旱指挥部办公室的统计，造成 10 个市 74 个县 170.4 万人紧急转移，652.9 万人受灾，3553 平方千米农作物受灾，354 平方千米绝收，37.6 万吨水产养殖损失，9660 头大牲畜死亡。因洪灾造成的直接经济损失达 236.3 亿元人民币，其中农林渔业损失 122.8 亿元人民币、工业交通业损失 61.3 亿元人民币。

2013 年 9 月 22 日，台风“天兔”在广东省汕尾市登陆，这次台风级别过大，是广东省有记录以来的第三大台风，对汕尾全市造成巨大破坏。根据广东省民政部门的统计，截至 9 月 24 日，广东省全省直接经济损失达 177.6 亿元人民币。汕尾市的直接经济损失占广东全省的 60% 左右。

# 风灾的防范

防胜于救。在灾害来临之前，积极做好防灾应灾准备，群策群力，才能把各种损失降到最低程度。加强灾害监测工作，提高灾害预测、预报水平，制订减灾预案，在灾害发生前有计划地撤离疏散人员和转移重要财产，可避免或减少人员伤亡和财产损失；建设防灾工程，防止或减少引发灾害的活动，保护受灾对象，可避免或减轻灾害破坏损失；加强防灾宣传教育，增强防灾意识，普及防灾知识，可提高民众和社会的防灾能力。

**◎ 大风来临前的准备**

（1）了解自己所处的区域是否为大风袭击的危险区域。

（2）了解安全撤离的路径和政府提供的避风场所（各级政府要做好预案）。

（3）要准备充足且不易腐坏的食品和水；检查电池、直流电收音机，以及药品；备好身份证明文件；准备一定的现金。

（4）了解遇有紧急情况时，可拨打 110、119、120 等急救电话。

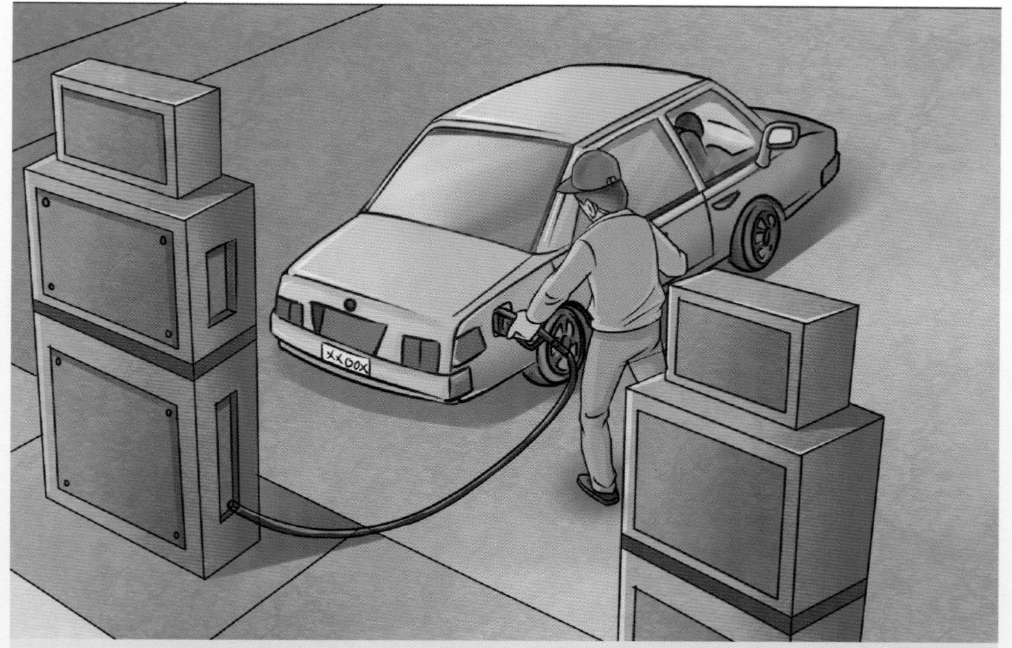


**◎ 当气象部门发布蓝色、黄色台风信号时**

（1）要经常收听电台、收看电视以了解最新的热带气旋动态。不要听信、制造和传播谣言，不要在网络上传播来历不明的灾情言论，以免触犯法律。

（2）保养好家用交通工具，加足燃料，以备紧急转移。

（3）检查并加固活动房屋的固定物及其他危险部位；检查并准备关好门窗，迎风面的门窗应加装防风板，以防玻璃破碎；检查电力设施、设备和常用电器，注意炉火、煤气、液化气，以防火灾。

（4）屋外各种悬挂物体应立即取下或钉牢，并修剪树枝，以防暴风吹毁伤人。

（5）清扫屋外排水沟及屋顶排水孔，以防阻塞积水。

（6）居住在河边或低洼地带者，应及早撤到较高地区以防河水泛滥；如果居住在移动房、海岸线上、小山上、山坡上容易被洪水或泥石流冲毁的房屋里，要时刻准备撤离该地。

**◎ 当气象部门发布橙色、红色台风信号时**

（1）听从当地政府部门的安排。

（2）如需离开住所，要尽快离开，并且尽量和朋友、家人在一起，撤到地势比较高的坚固房子，或到事先指定的可能发生洪水区域以外的地区。

（3）把自己的撤离计划通知邻居和在警报区以外的家人或亲戚。

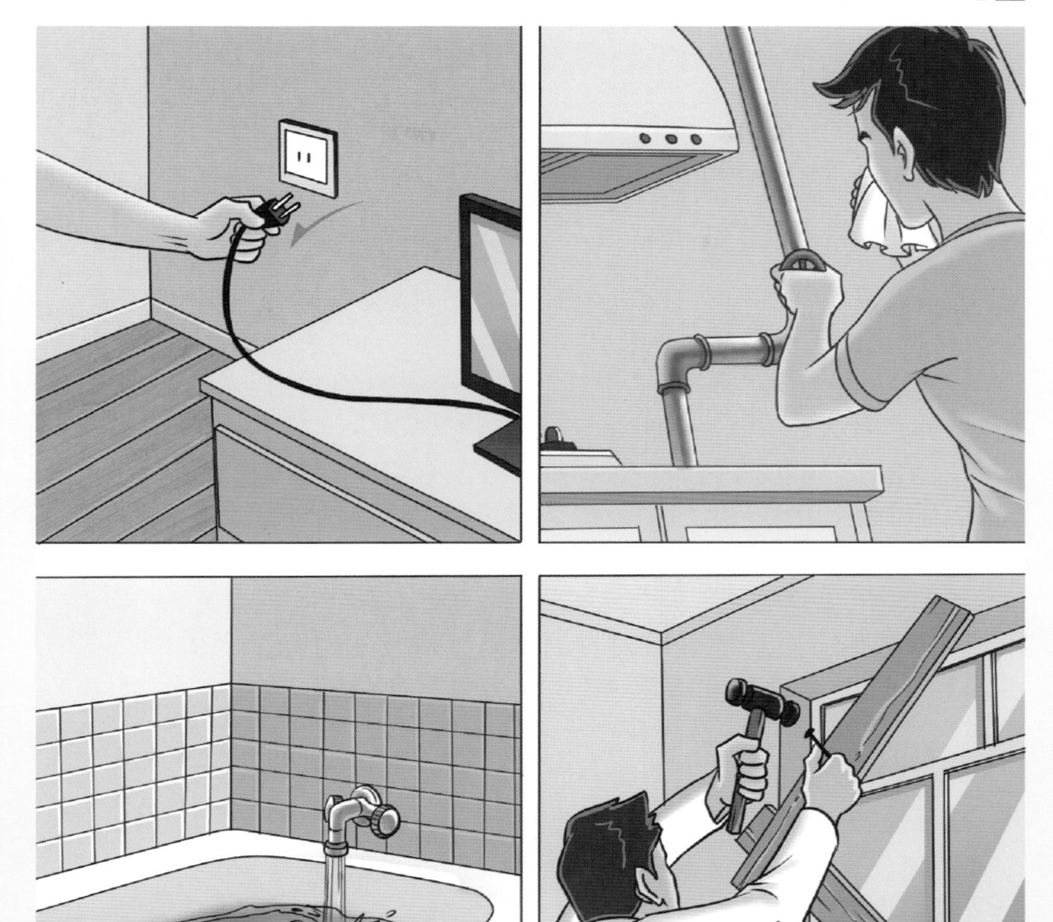

切记：如果通知撤离，应立即执行。如果没有通知离开房屋，就留在结构坚固的建筑内，做好强风来临前的准备：把冰箱开到最冷挡，以防停电引起食物过早变质；拔掉电源插头；浴缸和大的容器中充满水，以备清洁卫生需要。当外边的风变得越来越强时，要远离门窗，关闭所有的房间门，加固外门。如果在低层楼中居住，要待在一楼的内间。如果住的是多层楼房，要待在一楼或二楼的大堂内并且远离门窗，需要时可躺在桌子下面或者是坚固的物体下面。

1906 年 9 月 18 日，“丙午风灾”袭击中国香港，酿成约 15 000 人罹难、1349 人失踪、220 人受伤，成为中国香港历史上最严重的天灾。

2009 年，台风“莫拉克”造成我国多个省市的 883 万人受灾，死亡 6 人。

2012 年 3 月 30 日，乌鲁木齐市出现 9 级东南大风，瞬间风力 11 级，因大风天气引发较为突出的灾害事故 4 起，死亡 3 人。

2013 年 3 月 20 日下午，受雷雨大风及冰雹等强对流天气影响，东莞市出现了 8 级左右的雷雨大风及短时强降水，并出现了超级龙卷风和冰雹，其中最大阵风 14 级。灾害共造成 281 人受伤，其中 9 人死亡。

每逢大风骤袭，最让人痛心的莫过于有人不幸受伤、蒙难，或于城市，或于乡野，或于海上……

难道伤害总是无法避免？哪些是我们不可改变的，哪些是我们可以改变的？

# 风灾时的逃生自救

在这一部分，我们介绍应对风灾的一些生活常识。需要引起读者注意的是，这里介绍的只是一些通用原则，应该举一反三，在具体的环境中机动灵活地应用这些逃生常识，才能更多地获得生的希望，把损失降到最低程度。平时注意积累逃生知识，防患于未然，当有一天突遇灾难时，您不仅能让自己顺利逃生，还能尽可能地帮助他人。

**◎ 台风来临时，外出时应注意什么**

（1）外出时尽量穿上雨衣，不要打伞。

（2）尽量远离高大树木、棚子、架子及架空的电线等。

（3）不要在高墙、广告牌及居民楼下行走，以免发生建筑物倾斜、倒塌或高空坠物等突发事件。

（4）避开高层施工现场，不可靠近塔吊或工地围墙。

（5）注意街道积水，不要在道路边缘或有旋涡的路面积水区行走，以免落入窨井。

（6）风大造成行走困难时，可就近到商店、饭店等公共场所暂避。

（7）看见倾斜及倒下的电线杆等输电设施，要远远绕行，以避免触电。

切记：不可盲目乱跑；不要以为不冒火花的电线就没有危险。

（8）台风期间，不要因观看大风大浪而置生命危险于不顾。

（9）严禁台风期间出海。

教训：2013 年 8 月 29 日，受台风“康妮”影响，中国台湾宜兰县沿海在前一天晚上刮起一阵强风大雨，宜兰县一家渔民仍坚持出海，结果父亲被大浪冲走失踪，儿子漂流近 8 小时后才幸运获救。

特别需要警惕：

（1）**旋转风**：在台风中心附近，由于风力大且风向变化突然，破坏力极强。

（2）**“平静”的“台风眼”**：有时台风和暴雨袭击陆地后，会出现一片风平浪静、云开雨停甚至蓝天星月的“迷人”景象。这实际上是受“台风眼”影响，千万不要被这种暂时的现象所迷惑而放松防护。“台风眼”过后，风向可能突转180°，并且会很快达到甚至超过原先的强度。

（3）风势突然停止时可能正处于“风眼”时刻，不可贸然外出。确需外出时，应避开危险建筑、高层建筑与高层建筑之间道路等。徒步者可选择雨衣作雨具，特别是学生应少使用雨伞；骑车者应下车步行，以免车辆失去控制；开车者应减速慢行，注意加强观察，并避免将车辆停放在低地、桥梁、路肩及树下，以防淹水、塌方或压损。

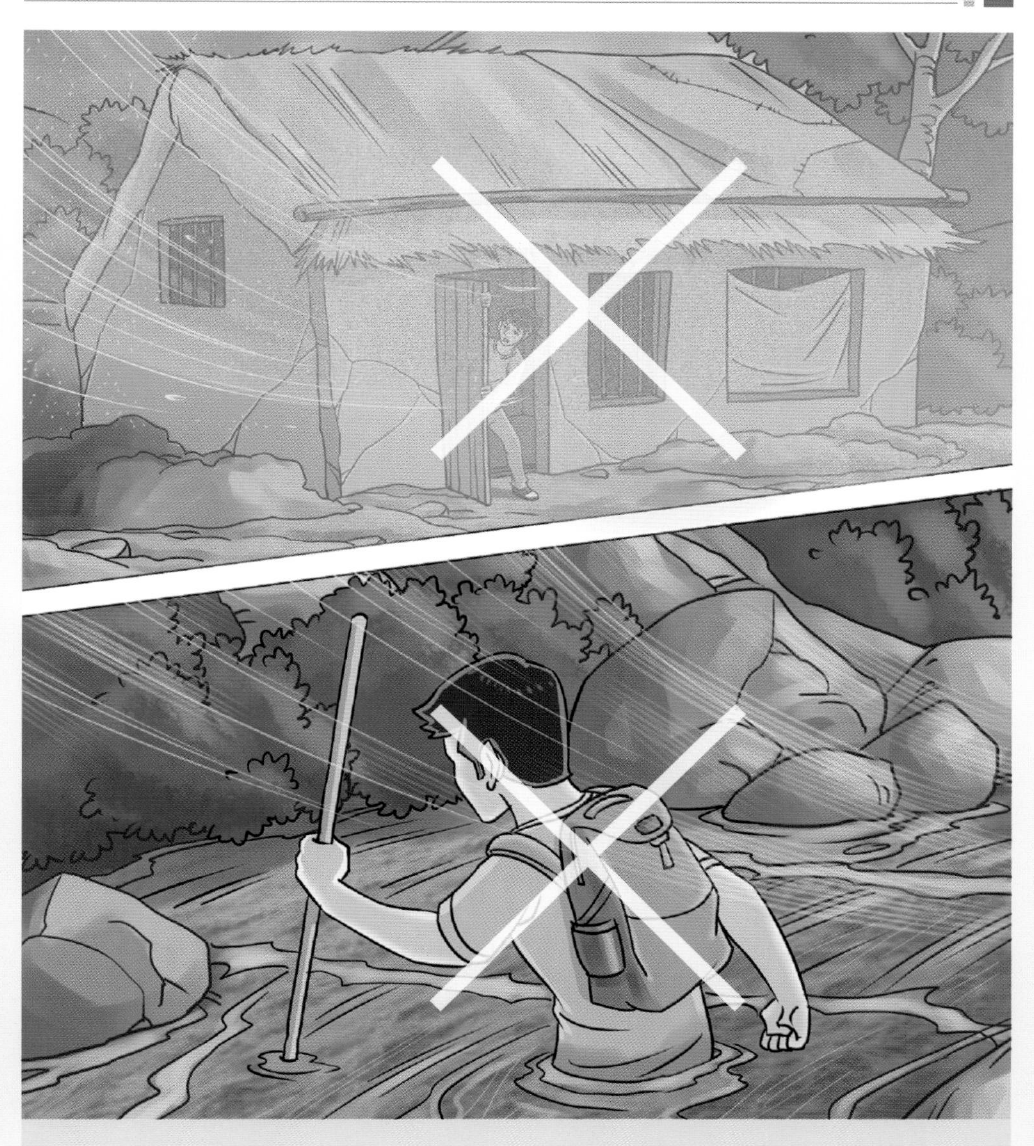

（4）无论如何都要离开移动房屋、危房、简易棚及铁皮屋；不能靠在围墙旁避风，以免围墙被台风刮倒导致人员伤亡。

（5）千万不能为了赶时间而冒险蹚过水流湍急的河沟。

**◉ 台风中不慎被卷入海里怎么办**

（1）保持镇定，抓住身边任何可抓住的漂浮物。

（2）落水前深吸一口气，下沉时屏气，让自然的浮力使您浮上水面，然后借助波浪冲力趁势前冲，奋力游向岸边。

（3）浪头到时挺直身体、抬头、下巴前挺，确保嘴露在水面上，双臂前伸或往后平放，身体保持冲浪板状态。浪头过后一面踩水前游，一面观察后一浪头的动向。

（4）大浪接近时可弯腰潜入海底，用手插在沙层中稳住身体，待海浪涌过后再露出水面。切忌：慌乱、胡乱蹦跳、拍打；试图逆流而游。

◎ **怎样减少龙卷风的侵害**

（1）在龙卷风多发地域，必须建有坚固的地下或半地下掩蔽安全区。

（2）停止一切地面活动。避开活动房屋和活动物体，远离树木、电线杆。

（3）保护头部最重要。在室内，人应该保护好头部，面向墙壁蹲下。龙卷风已经到达眼前时，应寻找低洼地形趴下，闭上口、眼，用双手、双臂保护头部，防止被飞来物砸伤。

**◎ 躲避龙卷风的最佳处在哪里**

（1）地下室、防空洞、涵洞以及既不会被风卷走又不会遭水淹、更不会被东西堵住的高楼最底层是躲避龙卷风的最佳处。

（2）当处在建筑物的地下部位时是安全的。

（3）在田野空旷处遇到龙卷风时，可选择沟渠、河床等低洼处卧倒。

**◎ 在公共场所如何躲避龙卷风的突袭**

（1）听从应急机构的统一指挥，有序进入安全场所。

（2）如果在学校、医院、工厂或购物中心，要到最接近地面的室内房间或大堂躲避。远离周围物体或有宽屋顶的地方。

（3）如果是在移动的房屋里，唯一的办法就是迅速逃离。

**◉ 在家中如何躲避龙卷风**

（1）迅速撤到地下室或地窖中，或到房间内最接近地面的那一层屋内，并面向墙壁抱头蹲下。远离门窗和房屋外围墙壁等可能塌陷的物体。

（2）尽可能用厚外衣或毛毯将自己裹起，用以躲避可能四散飞来的碎片。

（3）跨度小的房间要比跨度大的房间安全。

（4）贵重物品要向楼下转移，也可放在洗衣机、洗碗机等电器内。

◎ **在户外如何躲避龙卷风**

（1）就近寻找低洼处伏于地面，最好用手抓紧小而不易移动的物体，如灌木或深埋地下的木桩。

（2）远离户外广告牌、大树、电线杆、围墙、活动房屋及危房等可能倒塌的物体，避免被砸、压。用手或衣物护好头部，以防被空中坠物击中。

（3）在屋外若能够看到或听到龙卷风即将到来时，应避开它的行进路线，与其路线成直角方向转移，避于地面沟渠或凹陷处。

**⊙ 驾车时如何躲避龙卷风**

（1）要当机立断，立即弃车奔到公路旁的低洼处，不要试图开车躲避。

（2）不要躲在车里，也不要躲在车旁。因为汽车内外强烈的气压很容易使汽车爆炸。

### ◎ 沙尘暴的应对

接到沙尘天气预警后，医院、食品加工厂、精密仪器生产或使用单位要加强防尘措施，食品、药品和重要精密仪器要做好密封。

接到沙尘天气预警信息后，有关单位要妥善放置易受大风影响的物资，加固围板、棚架、广告牌等易被风吹动的搭建物。建筑工地要覆盖好裸露沙土和废弃物，以免尘土飞扬。

接到沙尘天气预警信息后，各级政府及相关部门要制订应对措施，防止风沙对农业、林业、水利、牧业以及交通、电力、通信等基础设施造成的影响和危害。

接到沙尘天气预警信息或已经出现沙尘暴天气时，机场、高速公路、铁路等部门要做好交通安全防护措施，科学调度，确保交通安全。

滞留的乘客应配合交通部门的行动，不要因延误行程而情绪激动，毕竟生命安全是第一位的。

沙尘天气条件下，空中交通管制部门根据机场天气状况合理控制飞行流量，保证进出机场航班的安全起降。

飞机起飞后，如果目的地机场受沙尘天气影响，能见度低，不具备降落条件，飞机应及时调整航线，或就近备降其他机场。

发生特强沙尘暴时，如果天气条件特别恶劣，飞机、火车、长途客车等应暂时停飞、停运。

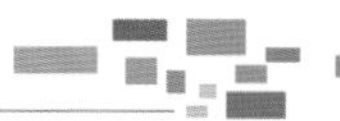

沙尘暴频发地区，牧民一般要建有保温、保暖封闭式牲畜圈舍。沙尘暴到来前，应关好门窗，拉下圈棚，防止沙尘大量飘入。

接到沙尘天气预警后，牧区牧民应及时将牛、羊等牲畜赶回圈舍，以免走失。沙尘暴发生时，若牲畜远离居民点，牧民应尽快将牲畜赶到就近背风处躲避。

接到大风沙尘天气警报后，农民应采取适当措施加固温室大棚、地膜等基础设施，避免其被破坏。

发生沙尘暴时，野外工作人员或正在田间劳动的农民，应立即回家或寻找安全的地方躲避。如果沙尘天气持续时间较长，应设法与救援人员取得联系，不要盲目行动。

沙尘暴即将或已经发生时，居民应尽量减少外出，未成年人不宜外出，如果因特殊情况需要外出的，应由成年人陪同。

接到沙尘天气预警后，学校、幼儿园要推迟上学或者放学，直到沙尘暴结束。如果沙尘暴持续时间长，学生应由家长亲自接送或老师护送回家。

切记：在家中躲避沙尘暴时，应远离窗户。

强沙尘暴发生时，应停止一切露天生产活动和高空、水上等户外危险作业，工人应暂时集中在室内躲避。

发生沙尘暴时，不宜在室外进行体育运动和休闲活动，应立即停止一切露天集体活动，并将人员疏散到安全的地方躲避。

如有慢性心肺疾病者，沙尘天气应严禁外出，以免恶劣天气诱发疾病加重。

沙尘天气发生时，行人骑车要谨慎，应减速慢行。若能见度差，视线不好，应靠路边推行。行人过马路要注意安全，不要贸然横穿马路。

发生沙尘暴时，行人，特别是小孩要远离水渠、水沟、水库等，避免落水发生溺水事故。

沙尘暴如果伴有大风，行人要远离高层建筑、工地、广告牌、老树及枯树等，以免被高空坠落物砸伤。

发生沙尘暴时，行人要在牢固、没有下落物的背风处躲避。行人在途中突然遭遇强沙尘暴，应寻找安全地点就地躲避。

发生风沙天气时，不要将机动车辆停靠在高楼、大树下方，以免玻璃、树枝等坠落物损坏车辆，同时防止车辆被倒伏的大树砸坏。

风沙天气结束后，要及时清理机动车表面沉积的尘沙，保护好车体漆面。同时，注意清除发动机舱盖内沉积的细小颗粒，防止发动机零件损伤。

机动车驾驶时遭遇沙尘暴，应低速慢行。能见度低时，要及时开启雾灯和示廓灯。必要时驶入紧急停车带或在安全的地方停靠，乘客要视情况选择安全的地方躲避。

发生沙尘暴时，如果风力过大或能见度低于规定标准，高速公路管理部门应暂时封闭高速公路，避免发生交通事故。

火车行驶途中如果遇到沙尘暴，应减速慢行。当风力较大或能见度很低不宜继续行驶时，火车应进站停靠避风，等沙尘暴过后再继续行驶。

沙尘暴天气会使空气干燥，易引发火灾，应密切注意草原、森林和人口密集区等，以免发生火灾事故。

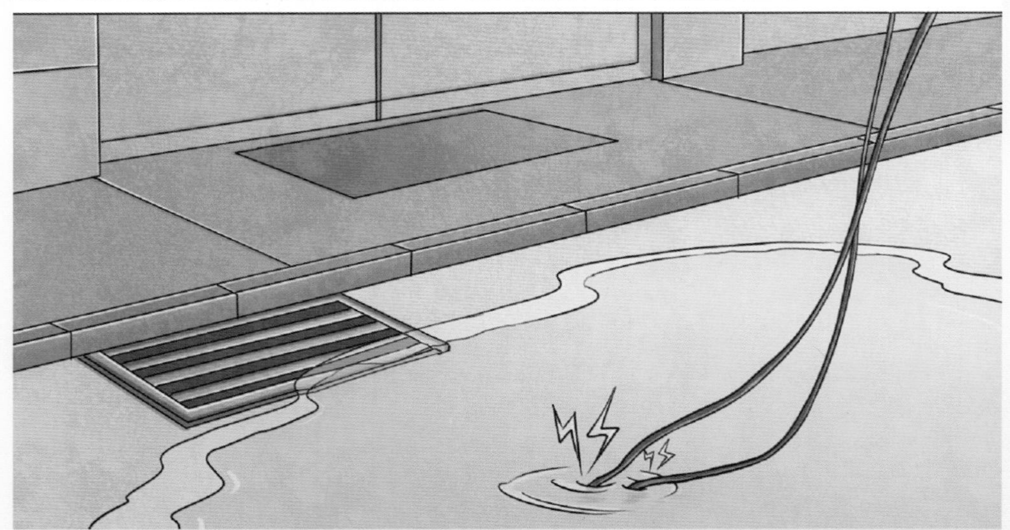

**◉ 当大风信号解除后**

（1）通过广播电视确实了解到撤离的地区被宣布安全时，才可以返回。

（2）为了安全，有些道路可能被封锁，如果遇到路障或是被洪水淹没的道路，要绕道而行。要避免走不坚固的桥；不要开车进入洪水暴发区域。

（3）静止的水域很有可能因为地下电缆或者是垂下来的电线而具有导电性。不可触摸断落的电线，应通知电力部门检修。

（4）要仔细检查煤气、水，以及电线线路的安全性。

（5）检查房屋架构是否损坏。灾后首次进屋前，避免在房间内使用蜡烛或者有火焰的燃具，以防煤气爆炸，最好使用手电筒。

（6）在不能确定自来水是否被污染之前，不要喝自来水或者用它做饭。

（7）及时打扫环境，排除积水，实施消毒，防止病害。

大风肆虐，灾害骤至。

尽管我们希望这些灾害永远不要发生在我们身边，但是如果灾害真的发生，我们必须第一时间施以援手、自救互救，届时，灾害现场的医疗救助常识对我们来说是弥足珍贵的。

# 医疗救助常识

风灾肆虐的地区，人民群众要自发学习常见医疗急救措施，以备灾害来临时保护自己和救助他人。不正确的救助不仅会将施救者置于危险处境，还会加重被救者的伤情，甚至造成死亡。学习科学的救助，服从组织调度，切不可“逞英雄”，造成被动局面和产生负面影响。尊重科学，才是灾害救助的根本。

◎ **被埋压人员如何自救**

（1）被埋压的人员要有信心和勇气，尽快清理压在身上的物体，脱离险境。

（2）一时不能脱险的，要设法扩大安全空间，防止重物坠落压身。

（3）设法保持呼吸道畅通，防止灰尘造成窒息，可用毛巾、衣服等捂住口鼻。

（4）积极寻找代用食品和水，创造生存条件，以延长生命。在灾难环境中，尿液亦是宝贵的水源。

（5）要保持体力，不要急躁，不需要高声呼叫，可用敲击等方法与外界联系。

**◎ 怎样救助被埋压人员**

（1）要认真观察坍塌地点的周围环境是否安全，注意倾听遇险者的呼喊、呻吟、敲物声，查清遇险者的位置和被埋压的状况，不要盲目乱挖乱扒，以防止意外伤害。

（2）救援必须讲究方法，要先易后难，先救强壮人员、医务人员，以增加帮手壮大抢救力量。首先使遇险者头部暴露，迅速清除其口鼻内尘土，防止窒息；再暴露胸腹部及其他部位，由外向里用边支护边掏洞的办法救出遇险者。如果发现有再坍塌或重物坠落的危险，要先确保环境安全，然后小心地把遇险者身上的重物搬开。尽量用小型轻便工具，避免重物利器伤人。如果重物较大，无法搬开，可用千斤顶等工具抬起拨开，绝对不可用铁锤等砸打。不要强拉硬拖，防止新的伤害。

（3）如果救出的人身上有外伤，把他抬到安全地点后，尽快脱掉或剪开伤者衣服，先止住伤口出血，缠上绷带。包扎时，如果伤口里有异物，不要用脏水或脏手触摸伤口，避免伤口感染，更不可用脏布包扎。

（4）如果救出的人有骨折等现象，应先对骨折进行临时固定。

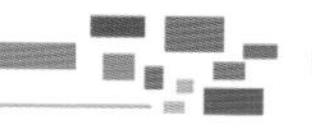

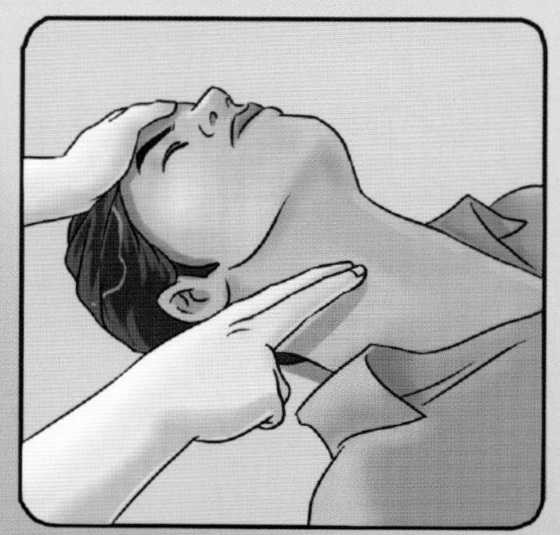

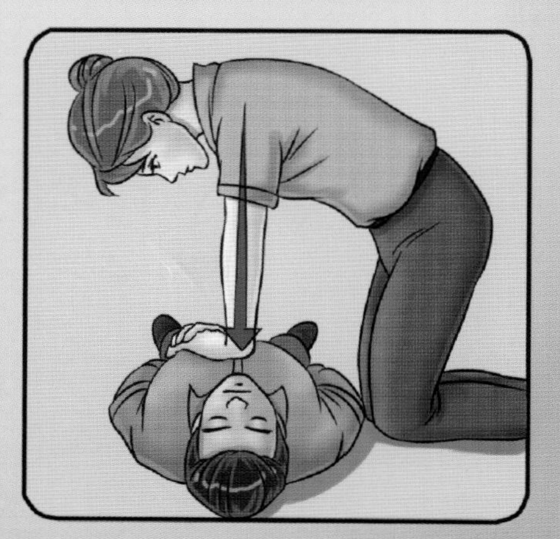

（5）如果发现伤员呼吸、心跳已停止，应使他平躺，解开他的衣领和裤带，清除嘴里和鼻孔里的异物，然后进行心肺复苏，同时请其他人拨打急救电话。

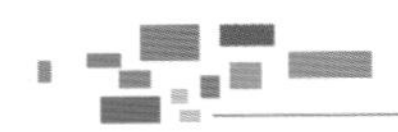



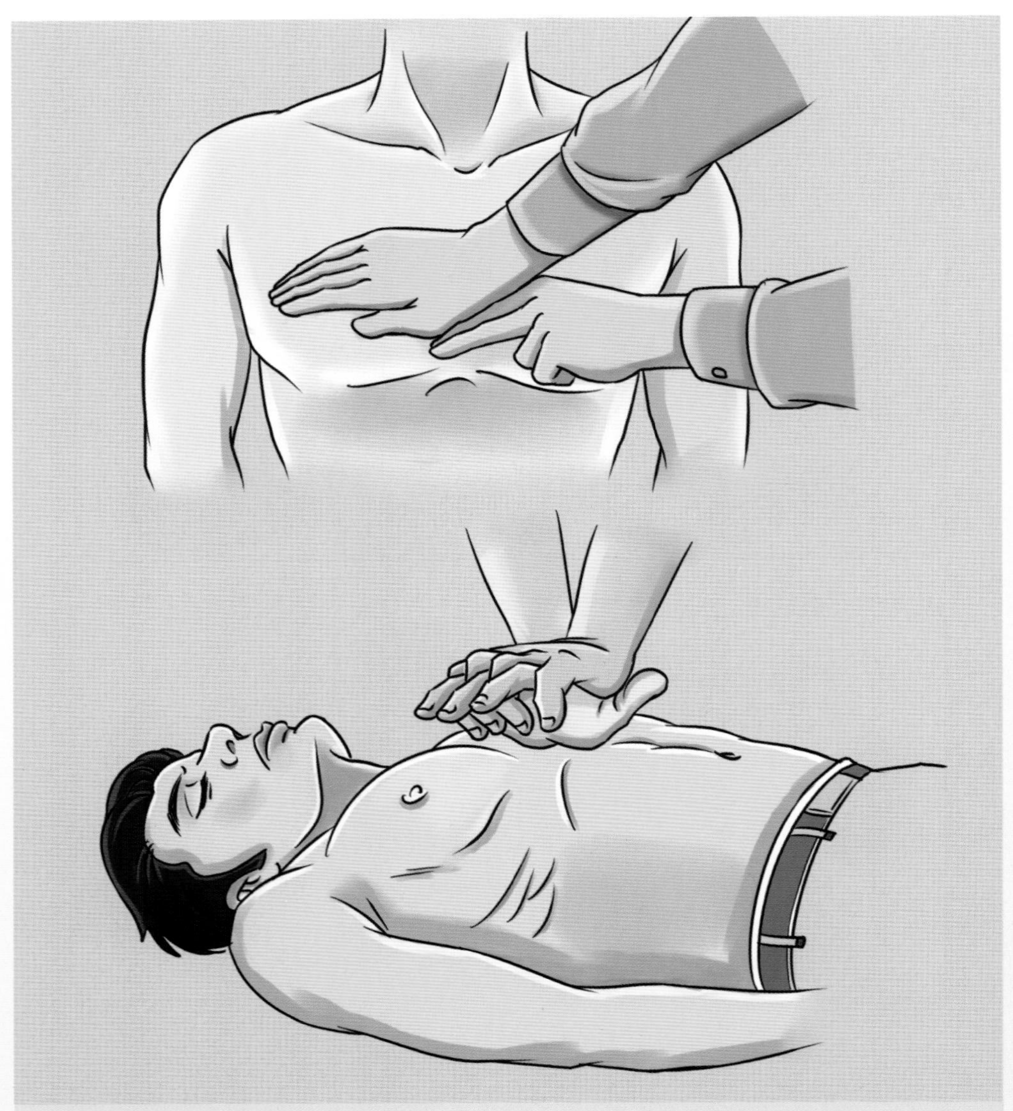

心肺复苏有效的主要指标：①能扪及大动脉搏动；②患者面色、口唇、指甲及皮肤等色泽再度转红；③扩大的瞳孔逐渐缩小；④出现自主呼吸；⑤神志逐渐恢复。

不要为了观察脉搏和心率而频频中断心脏按压，按压停歇时间一般不要超过 10 秒。

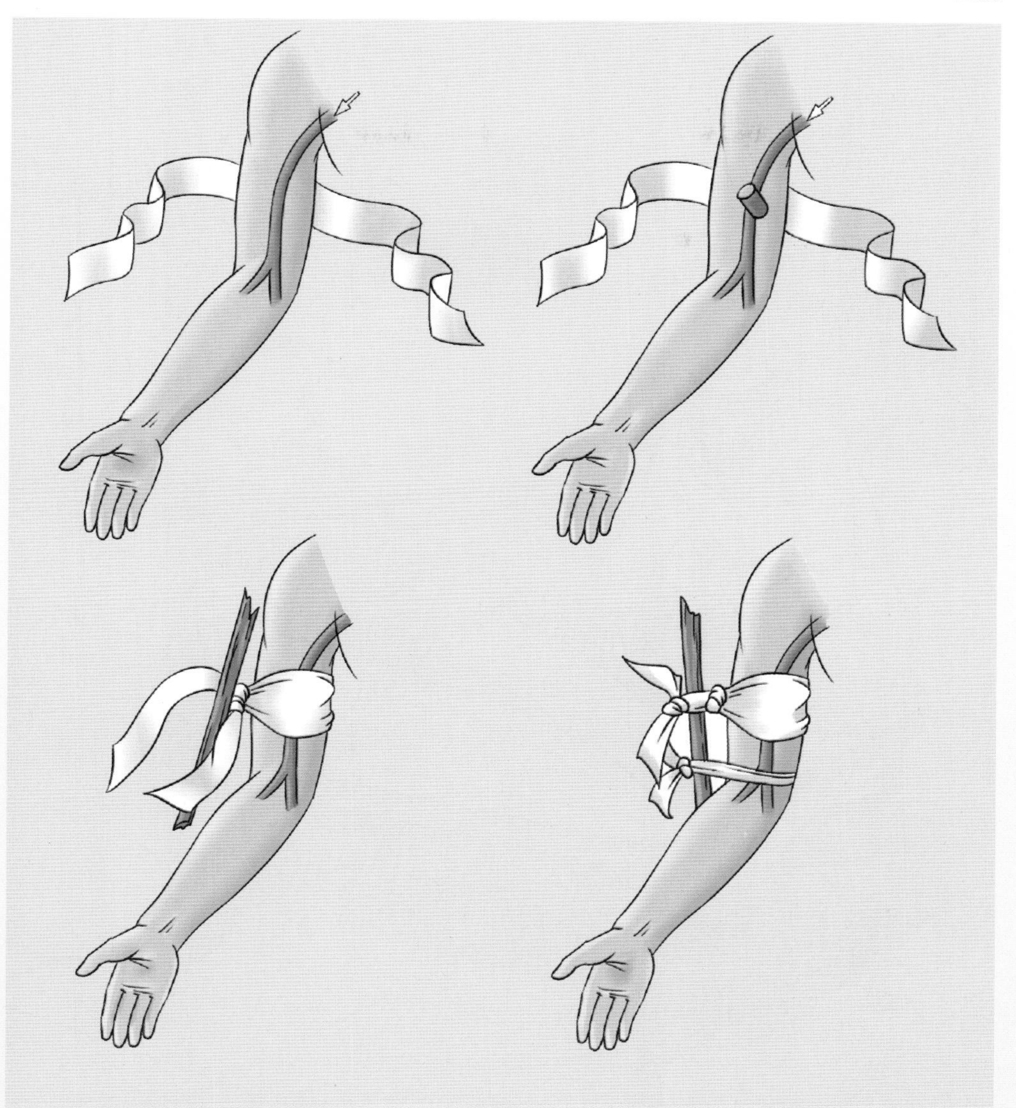

◎ **临时固定的原则和方法**

（1）如有伤口出血，应先止血，并包扎伤口，然后再进行骨折的临时固定。有条件时，可以给伤员吃些止痛药片。但有头部和腹部外伤时则不可服药。

（2）对于有明显外伤畸形的伤肢，只需进行临时固定来大体纠正，而不需要按原形完全复位，也不必把露出的断骨送回伤口，避免断骨刺伤血管、神经，加重伤情。同时要注意防止伤口感染，避免给以后的救治造成困难。

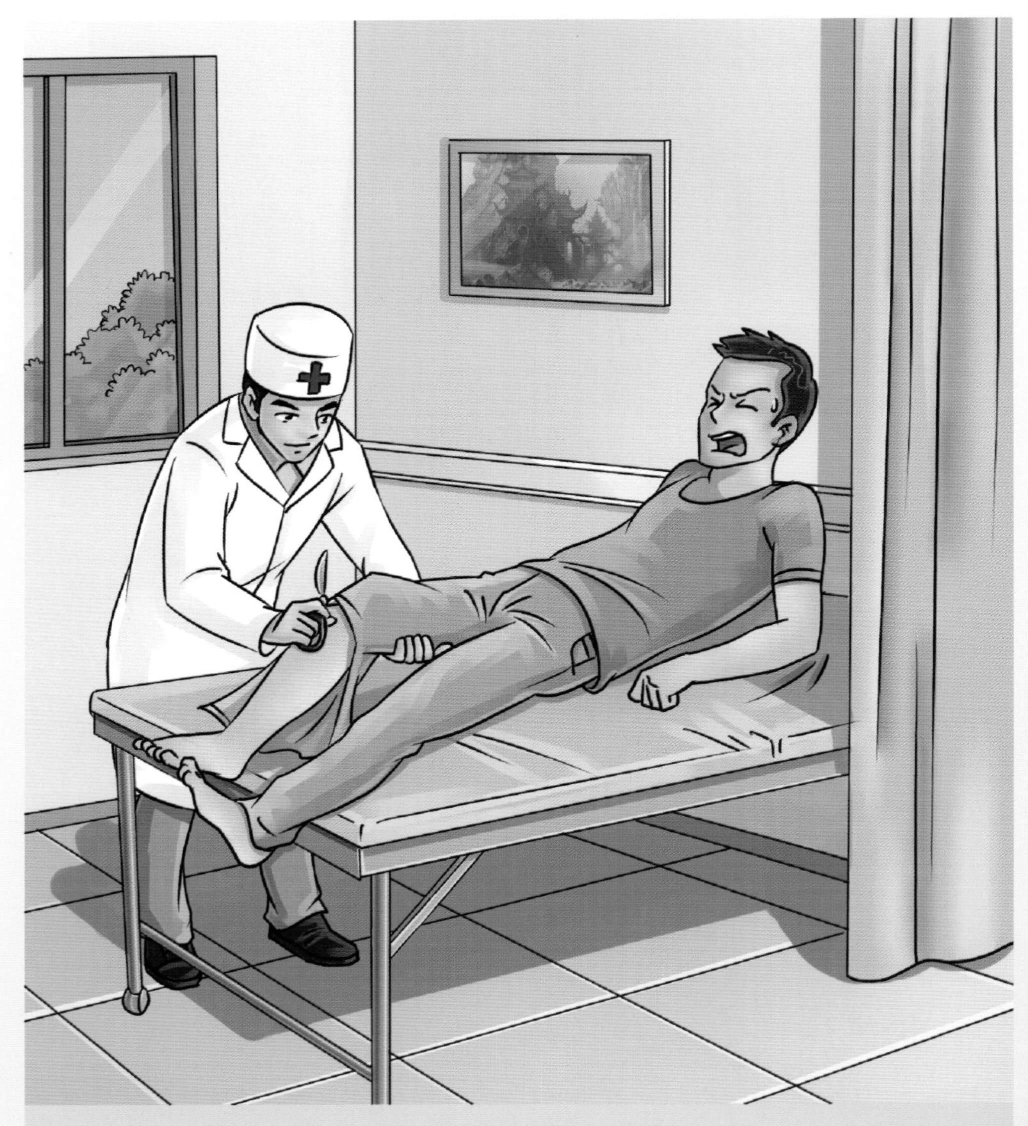

（3）对于四肢和脊柱骨折的伤员，要尽可能就地固定。固定时，不要随便移动伤员和伤肢。在受伤现场或医院，为了尽快找到伤口，减少伤员的痛苦，可剪开伤员的衣服和裤子。

（4）临时固定用的夹板可以就地取材，但长度和宽度要与受伤的肢体相称。夹板应能托住整个伤肢，并把骨折的上下两端固定好；如遇关节处，要同时把关节固定好。

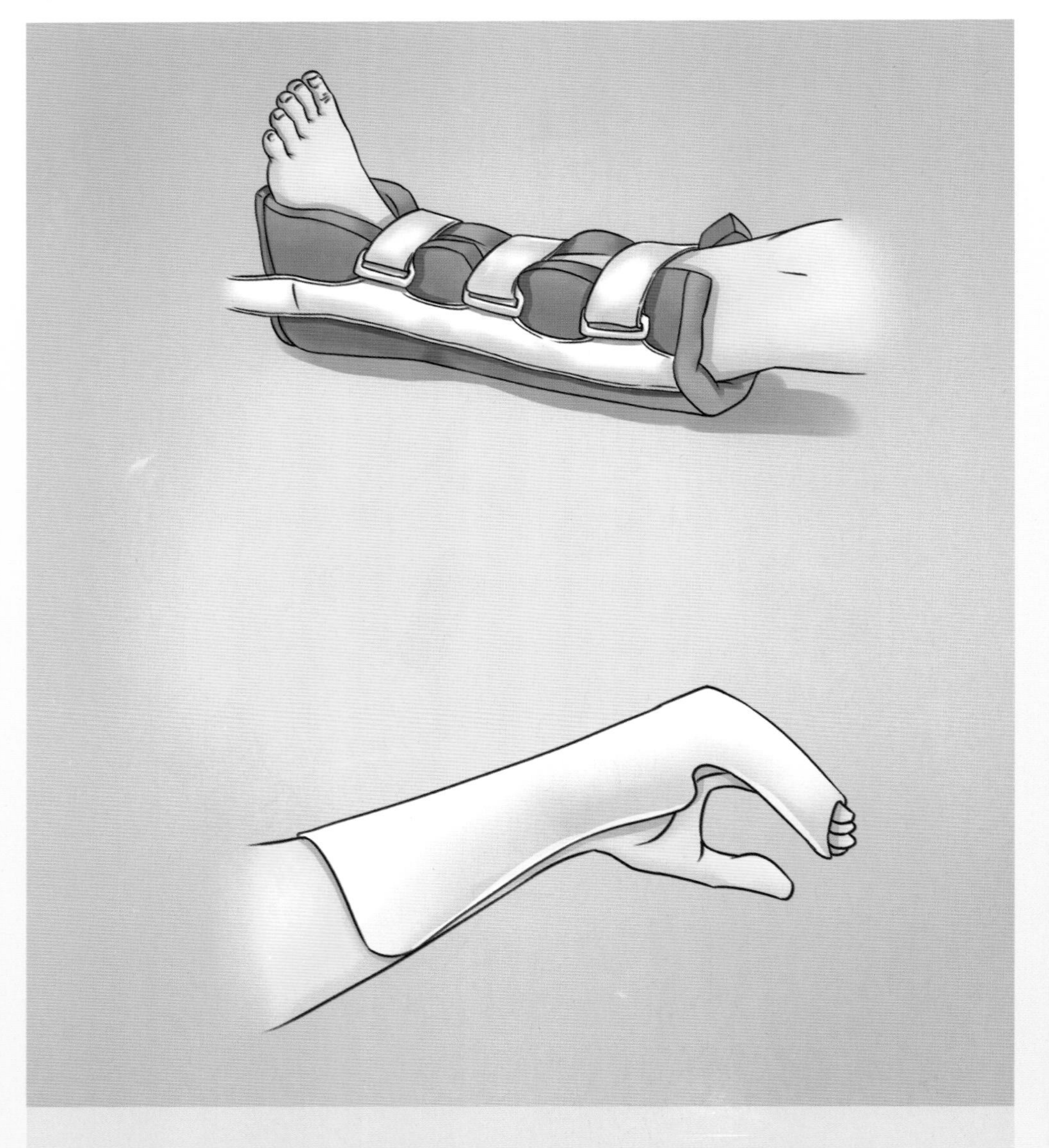

（5）夹板不能同皮肤直接接触，要用棉花或毛巾、布片等柔软物品垫好，尤其在夹板两端，骨头突出的地方和空隙的部位，都必须垫好。

（6）固定时既不能紧也不能松。四肢骨折时先固定骨折上端再固定下端。要把手指和脚趾露出来，如观察发现指（趾）尖发冷并呈青紫色，说明包扎过紧，要放松后重新固定。

◎ **怎样抢救触电的人**

（1）迅速切断电源。如果电源离触电人较远，来不及切断电源时，要先用干木棒或其他绝缘物把电缆从触电人的身上挑开，使他脱离电源。

（2）有条件时，抢救人要先戴上绝缘手套，穿上绝缘鞋。在触电人没有脱离电源之前，不要直接接触他。

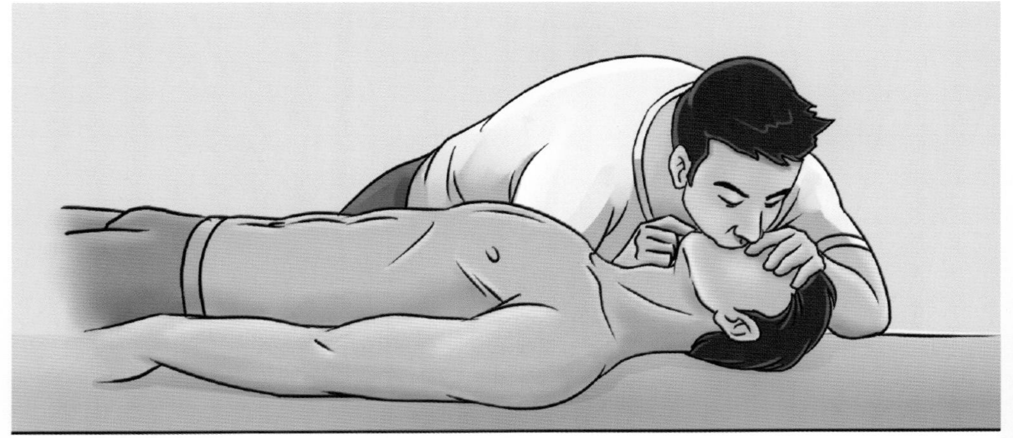

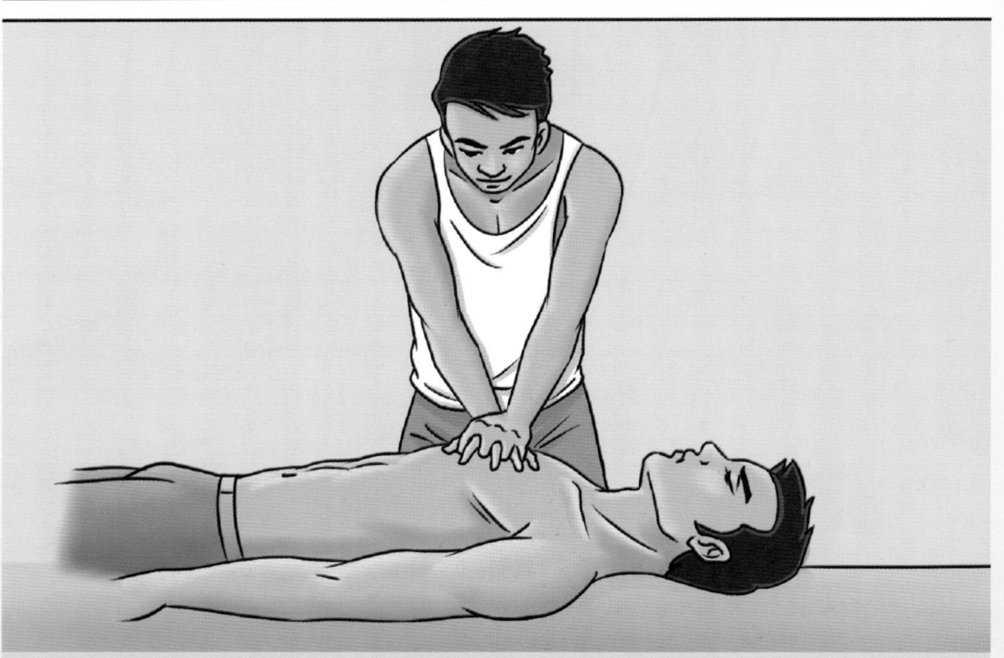

（3）触电人脱离电源后，要把他抬到空气流通的环境中进行抢救。

对于已停止呼吸，心跳也已停止或心跳不规则的触电人，要立即进行心肺复苏。人在触电后，有时会出现“假死”现象，因此，应耐心进行抢救，绝不要轻易放弃。

◎ **如何救助溺水者**

（1）不要从正面去救援，否则会被溺水者抱住，让救援者也无法游动，导致双方下沉。

（2）要从溺水者后方进行救援。用一只手从其腋下插入握住其对侧的手，也可以托住其头部，用仰游方式将其拖至岸边。拖带溺水者的关键是让他的头部露出水面。

（3）不要盲目下水救人，尤其是水性不好的人，可在岸上将绳子、长杆、木板等投向溺水者，使其抓住，然后拖向岸边，与此同时，大声呼救。

◎ **溺水者捞救后的急救处理**

（1）清除溺水者嘴里和鼻孔里的异物，使其呼吸道通畅。

（2）若溺水者的口唇青紫明显、神志不清，应立即进行心肺复苏，直到专业急救人员到达现场。

植树造林，退耕还林，保护环境是防范风灾的生态策略。提高科学预报的准确性，寻找更可靠的预报技术是提高灾前准备的关键环节。做好各种灾前的防范措施，及时发布灾情预警和预案，组织群众做好应急救灾准备，能把灾难损失降至最低程度。个人和家庭高度重视，尊重科学，才是创建美好生活的基础。